探秘古代科学技术

尼罗河宝藏
埃及

【美】查理·萨缪尔斯　著

张　洁　译

中国中福会出版社

目录
CONTENTS

探秘地图

尼罗河沿岸的城镇（P13）

尼罗河（P14）

埃及丹达拉哈索尔神庙（P53）

吉萨金字塔群〔P42〕

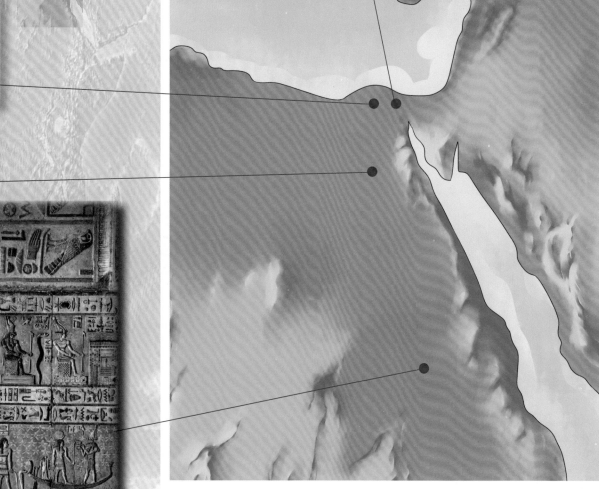

这本书主要讲什么？

　　古代埃及的文明持续了3000多年。在那段时期，居住在尼罗河河谷的古埃及人在科学技术上取得了巨大的进步。他们吸收了一些其他早期民族（比如美索不达米亚人）的经验，也有自己的发明，比如如何建造外表面光滑的金字塔、如何保存死者的尸体（把重要人物的尸体制作成木乃伊）等。这些技术的进步是循序渐进的，而不是大踏步的前进，或是跨越式的发展。

美索不达米亚　世界最早文明之一，是古希腊人对两河流域的称谓，意为"（两条）河流之间的地方"，这两条河指的是幼发拉底河和底格里斯河。

金字塔　一种底座是正方形的四边形建筑，从下往上逐渐变成锥形，最后形成一个尖顶。

木乃伊　经过处理、保存良好、准备下葬的尸体。

法老　古代埃及国王的称号。

位于吉萨的金字塔群是利用古代建筑技术建造的最大、最著名的建筑之一。

王国和王朝

大约在公元前 3100 年，埃及形成了一个国家。尼罗河河谷的国王征服了尼罗河三角洲的众多小王国，统一了埃及。古代埃及的历史分成不同的时期，主要有古王国时期、中王国时期和新王国时期，它们是相对和平的时期。在这些时期，埃及由"法老（pharaoh）"统治。"法老"也就是国王，他们来自不同的王朝或者家族。但在这些和平的时期之间，还有不太稳定的"中间期"。在"中间期"里，不同的王朝之间为了争夺权力，相互竞争。本书将要介绍的，是在古代埃及极其悠久的历史中一些最重要的科学技术。

这幅图画描绘了一艘埃及船上的桨手。尼罗河是埃及的交通干线，商品的运输、人们的出行都离不开它。

不可不知的背景知识

　　古代埃及人创造了新的技术，但他们也使用一些居住在美索不达米亚和波斯的其他早期民族的技术。这些民族包括苏美尔人、巴比伦人和亚述人。

　　古代埃及人种植植物、饲养动物。他们充分利用尼罗河的河水，这对于一个位于沙漠地带的王国来说，是最重要的事。大约在公元前3500年，美索不达米亚人发明了用于制作陶器的陶轮。后来用于车辆的车轮就是从陶轮发展而来的。埃及人很少使用车辆，因为他们的道路很少，但是陶轮对他们文明的发展是非常重要的。同样，早在公元前2400年，美索不达米亚人就创造了楔形文字。埃及人采用了这种书写的概念，创造了象形文字。

苏美尔人采用楔形文字，这是一种用楔形的尖笔将字符刻在泥板上的书写形式。

神庙建筑

　　受到美索不达米亚人建造通天塔的影响，古代埃及人建造了金字塔。但他们早期建造金字塔的尝试都以失败告终，那是因为建筑师没有准确计算出金字塔底座的尺寸，或是金字塔侧面的角度，使许多早期的金字塔都倒塌了。

陶　轮　　制陶器时所用的转轮。

象形文字　　一种文字体系，用图形符号表示字母和单词。

通天塔　　一种大型建筑或神庙，有很多层，每一层都比下面一层小。

早期埃及的金字塔，比如这个位于萨卡拉的金字塔，都是以美索不达米亚的阶梯形神庙为原型建造的。

埃及的生命线
——尼罗河

埃及位于沙漠之中。尼罗河是埃及的生命线，它贯穿整个埃及，流经一大片河口三角洲，最后流入地中海。除了尼罗河西部的一些绿洲外，埃及炎热干燥。这并不是一个理想的人类居住的地方。但是埃及人懂得如何利用尼罗河的河水。

每年的 7 月到 10 月之间，尼罗河洪水就会爆发。洪水会留下一层肥沃的黑色淤泥。尼罗河中肥沃的淤泥使得农民可以在河两岸耕种农作物，比如大麦和小麦。每一年的洪水大小都是不一样的，因而对当地人民的生活也产生不一样的影响：洪水太大，就会冲毁民居；如果洪水太小，那农作物就没有收成。

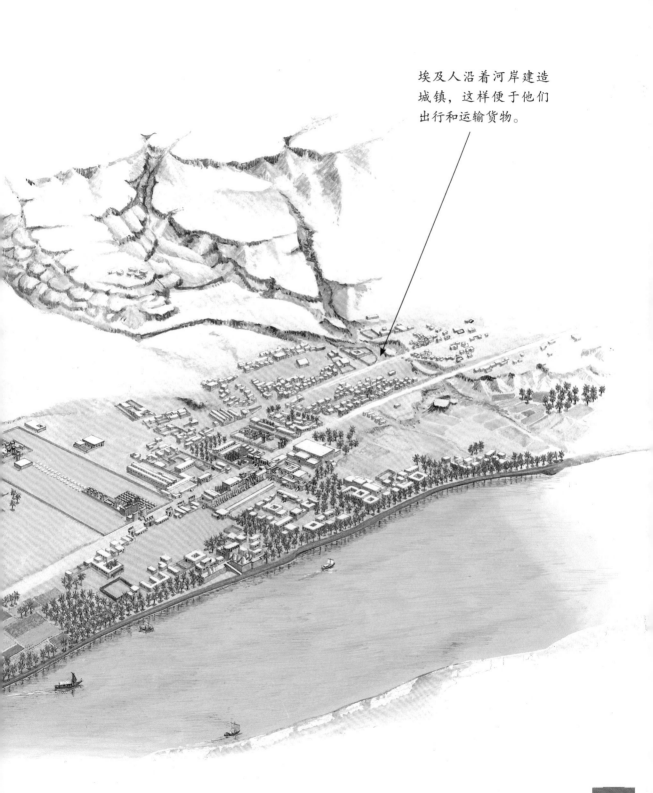

埃及人沿着河岸建造城镇，这样便于他们出行和运输货物。

测量洪水

为了监测洪水的情况，古代埃及人建造了尼罗河水位的测量标尺。这种水位测量标尺是一些刻有固定标记的垂直石柱，可以测量尼罗河水位的高度。知道洪水有多大，埃及人就能制订他们一年的耕种计划。

尼罗河为古代埃及人提供水资源，既灌溉了他们的农田，还是一条可靠的交通运输干线。

你知道吗？

① 埃及 90% 以上的面积是沙漠。

② 青尼罗河和白尼罗河水位的上升，导致了每年的洪水。这是尼罗河上游的两条主要支流，它们在苏丹喀土穆的北面交汇。

③ 洪水过后，在河两岸的土地上留下了宽达 10 公里的淤泥带。

④ 20 世纪 60 年代建造的阿斯旺水坝，最终阻止了尼罗河每年的洪水泛滥。

⑤ 有一种类型的尼罗河水位测量标尺是由一段通往水里的石阶组成的。阿斯旺象岛上发现的水位测量标尺就是如此。

尼罗河洪水 尼罗河每年一次爆发的洪水。

古代埃及人吃什么？

农民用镰刀收割庄稼

　　埃及人把沙漠叫作"红土"，把他们耕种的土地称为"黑土"。即使是被沙漠围绕，埃及人还是在他们的"黑土"上种植出大量的粮食，年年有余。这使得他们非常富有。农耕依靠的是尼罗河，是它每年爆发的洪水带来可耕种的淤泥带。埃及人也利用人工灌溉使得土地更适合种植农作物。

　　在古代埃及，除了统治者和祭司，几乎每个埃及人都是农民。主要的农作物是小麦和大麦。埃及人用它们酿造啤酒、制作面包，这是他们日常饮食中的主食。其他的农作物包括韭菜、洋葱、豆子、无花果、橄榄、甜瓜和葡萄。农民还种植亚麻，可以用来织成亚麻布。

采摘橄榄，用来榨橄榄油

一名书记员在记录收割的情况

农民用牛拉犁

这幅墓室壁画描绘了一个农民正在给一头奶牛挤奶。埃及人喝牛奶，还用牛奶制作黄油和奶酪。

简单的工具

古代埃及人使用的农具非常简单。洪水留下的土壤很容易翻动，古代埃及人用人力或者牛来拉犁。到了收割期，他们用手挥动镰刀收割粮食。这种镰刀是用木头做成的，木头上镶嵌着锋利的燧石刀刃。

你知道吗？

1. 埃及人一年只种植一次农作物，种植季节是在洪水过后。

2. 埃及农民把一年分成三个季节。

3. 洪水季（河水泛滥的季节）是每年的 6 月到 9 月。这时尼罗河爆发洪水，农耕停止。在这个季节，农民们制作或修理他们的农具，或者在建筑工地上干活。

4. 冬季（生长季）是每年的 10 月到次年 2 月，此时翻耕洪水留下的肥沃土壤，播下农作物的种子。

5. 夏季（收割季）是每年的 3 月到 5 月，农民收割农作物。

6. 妇女和儿童每年都参加田间劳动，帮助收割农作物。

祭 司	在宗教活动或祭祀活动中，为了祭拜或崇敬所信仰的神，主持祭典，在祭台上为辅祭或主祭的人员。
主 食	日常饮食的主要食物。
亚 麻	一种植物，纤维能纺织成亚麻织物。
燧 石	岩石，主要成分是二氧化硅，黄褐色或灰黑色，断口呈贝壳状，坚硬致密，敲击时能迸发火星，古代用来取火或做箭头。

古代埃及人怎样灌溉农田？

　　埃及的农业依靠充足的水资源，或者说依靠灌溉。反过来，灌溉取决于对尼罗河洪水的了解。埃及人将水储存在巨大的低洼地区，称为盆地。为了将水引到离河流最远处的农田里，埃及人开凿水渠。为了确保水渠里的水量充足，埃及人使用一种叫作桔槔的工具，把水汲到水渠里。

　　埃及人在尼罗河两岸建造巨大的、平坦的盆地，盆地四周筑着土堤，他们在盆地里种植农作物。他们建造了一系列的闸门或水闸，能在洪水到达顶峰时将河流中的水引进来。这意味着他们可以把水储存在盆地里。埃及人把水在农田里储存 40 到 60 天，然后在合适的时候将水排干，便于庄稼生长。

平衡锤

桔槔是根据杠杆原理工作的。大约在一根长木杆的五分之一处有一个支点。平衡锤能平衡水的重量。轻轻摆动木杆，就能将木桶里的水倒空。

支撑木杆的支点

木桶

埃及人开凿水渠将河水
引流到农田里，这样农
民就能在远离尼罗河的
土地上种植农作物。

提水装置

　　河水也储存在分布于农田中的水渠里。为了从水渠中提水，农民们使用桔槔。桔槔是指在木杆一头挂着木桶、另一头挂着平衡锤的提水工具。直到今天，人们仍然把它用作灌溉工具。

你知道吗？

1. 农民可以根据尼罗河水位测量标尺，提前预测到这一年尼罗河洪水的大小。这意味着他们可以安排有多少土地需要灌溉，提前建造好盆地。

2. 古代埃及人从居住在美索不达米亚"肥沃新月地带"的人那里学会了使用桔槔。

3. 流入盆地的水量由一系列简单的水闸或闸门控制。

4. 农民要确保农田里有足够的水量，以防止盐分在农田里堆积。

5. 稳定的水流速度能防止淤泥在水渠里堆积。

古代埃及人的文字
——象形文字

  大约在公元前 3000 年，埃及出现文字。这有利于建立社会秩序，传播信息。早期的埃及文字是象形文字，是由一些图画发展而来的。后来，僧侣文字和通俗文字逐渐发展为日常书写的文字形式。和象形文字相比，它们书写更快。

  书吏的职责是阅读和书写。当时所有社会地位高的埃及人，包括法老，都要接受书吏的训练。训练从 9 岁开始，需要 5 年的时间才能完成。书吏通过抄写文本，掌握 700 个不同的象形文字符号。象形文字符号是一些图画，可以代表整个单词，也可以代表单独的声音符号。古代埃及人将象形文字雕刻或者描绘在纪念碑、神庙、墓室和宗教卷轴上。

象形文字是由一些图画发展而来的。它是官方使用的文字，比如刻在纪念碑上的铭文。

这尊雕塑描绘的是一个正在工作的书吏。书吏在古代埃及非常受人尊敬，社会地位非常高。

更简单的字母表

　　书吏用僧侣文字书写商业和法律文件、书信和文学作品。大约在公元前 650 年，从僧侣文字中发展出另一种书写方式——通俗文字。埃及人使用通俗文字书写的历史超过 1000 年。

你知道吗？

1. 古代埃及只有百分之一的人会阅读和书写。

2. 象形文字刻在石头上，或是描绘在墓室里，因此它们得以保存下来。

3. 僧侣文字从右往左书写，它是用芦苇毛笔在莎草纸上书写的。

4. 公元前 650 年到公元 5 世纪之间，通俗文字一直在发展变化。

5. 1799 年，让－弗朗索瓦－商博良破译了罗塞塔石碑上的象形文字。这块石碑上用三种语言刻着同样的内容，分别是希腊文、通俗文字和象形文字。

僧侣文字	古埃及时期书吏用来快速记录的手写体。
书　吏	抄写文件的人。
莎　草	芦苇的一种，它的纤维能用来造纸，称为莎草纸。
让－弗朗索瓦－商博良	法国著名历史学家、语言学家、埃及学家，第一位识破埃及象形文字结构并破译罗塞塔石碑的学者。

古代埃及人的数学和计量

古代埃及人的生活离不开数学，要计算自己有多少牲畜、要把房屋建造得坚固而不会倒塌、要计算金字塔的角度，都需要精确的计算和解决问题的方法。大约在公元前 3000 年，埃及人最早使用了大于 10 的数字。

埃及人使用十进制计数法，这也是我们现在所使用的计数法，这可能是因为人有 10 根手指的缘故。他们用符号代表十进位单位，最大到 100 万。他们会加法和乘数为 2 的乘法。如果需要做乘数更大的乘法，他们就重复乘数为 2 的乘法，或者进行均分，然后把计算结果相加。

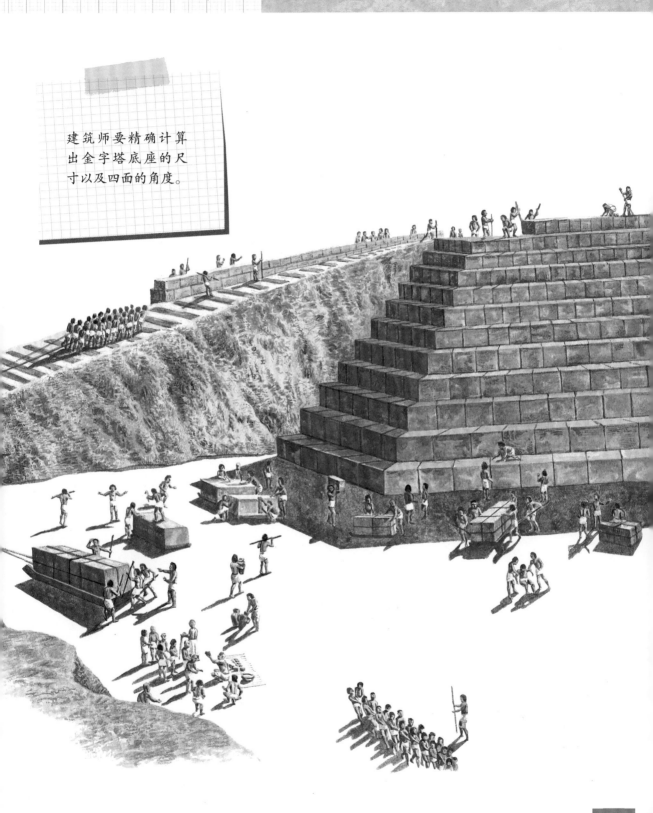

建筑师要精确计算出金字塔底座的尺寸以及四面的角度。

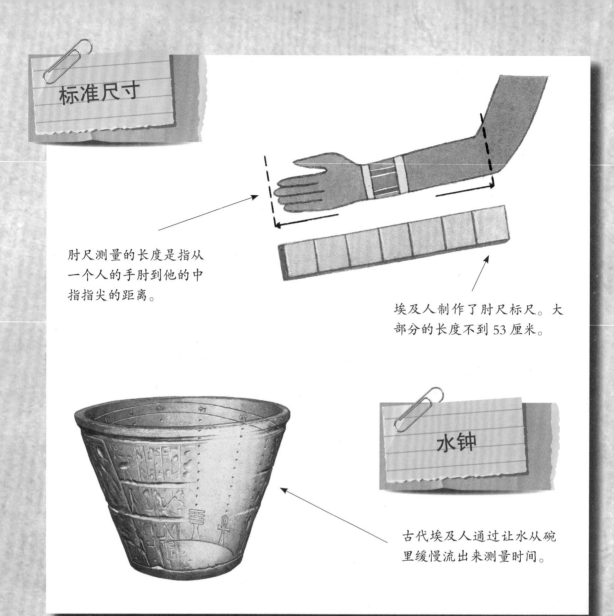

肘尺测量的长度是指从一个人的手肘到他的中指指尖的距离。

埃及人制作了肘尺标尺。大部分的长度不到 53 厘米。

水钟

古代埃及人通过让水从碗里缓慢流出来测量时间。

计量单位

  古代埃及人用肘尺测量长度。这个长度是指从一个人的手肘到他的中指指尖的距离。肘尺再分割成较小的度量值，可用以测量较短的长度。最小的度量值只有一根手指的宽度。埃及人用拉直的亚麻线作为标尺。

你知道吗？

① 从公元前 1990 年到公元前 1800 年的莎草纸文献中，包含有关数学的内容，是现存最早的反映古代埃及人数学成就的证据。

② 在一张公元前 1650 年书写的莎草纸文献上，记录了为建造金字塔进行的运算，其中还说明了如何计算分数的数值。

③ 数字 1 用一个笔画表示，数字 2 用两个笔画表示，以此类推。

④ 数字 10、100、1000、10000 和 1000000 用各自对应的象形文字表示。

⑤ 代表数字 100 的象形文字是一根绕成圈的绳子，代表 1000 的是一朵莲花，代表 10000 的是一根手指，代表 100000 的是一只青蛙，代表 1000000 的是一个举起双手的神像。

古代埃及人的莎草纸是什么样的？

①收割莎草。

如何制作莎草纸？

将莎草制作成莎草纸是一项技术活。在制作的过程中，莎草的纤维要保持湿润，在莎草纸制作完成前，则要将它们彻底晒干。

古代埃及人最伟大的科技进步之一就是发明了造纸术。他们利用生长在尼罗河沿岸的莎草制造莎草纸。莎草质地坚硬，用途广泛。莎草的纤维可用来编织篮子、凉鞋、绳子、船只、床垫，甚至还可用于制作香水。

古代埃及人利用莎草制作的最有价值的产品就是莎草纸（papyrus），现代英语中的"纸（paper）"这个词就来源于此。他们先将莎草绿色的粗茎收割下来，剥去外层的皮，然后由造纸工匠把内层的茎垂直切成长长的薄片，再将这些薄片浸泡在水里，以除去所含的糖分。

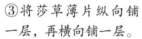

③将莎草薄片纵向铺一层，再横向铺一层。

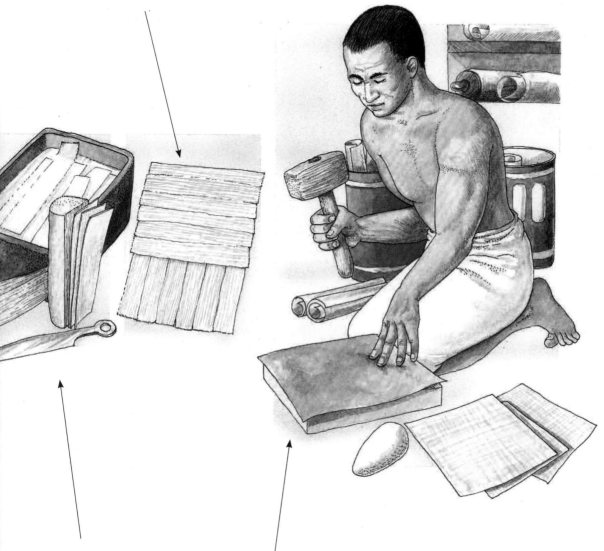

②将莎草的茎垂直切成长长的薄片。

④敲打铺好的两层薄片，直到它们融合成一张薄纸，晒干后再将它磨光。

造纸过程

　　将处理好的莎草薄片并排铺平，再在上面横着铺上另一层薄片。用亚麻布将这两层薄片覆盖住，用锤子捶打，然后把它晒干。当薄片晒干之后，拿掉亚麻布。再用贝壳或象牙对它进行磨光处理，莎草纸就制作好了。

尼罗河沿岸到处都生长着莎草。对于埃及人来说，这是一种用途广泛的材料。

你知道吗？

① 莎草越嫩，制作出的莎草纸质量越好。

② 书写的笔是用芦苇做的。芦苇的一端被压成尖头，用来蘸取墨水。

③ 官方文件中最常用的墨水颜色是黑色。黑色墨水是用锅子底部的锅灰混合了明胶、树胶和蜂蜡制成的。

④ 不同颜色的墨水是将不同颜色的矿石磨成粉状，加入水制成的。赭石用于制作红色墨水。

明　胶	由动物皮肤、骨、肌膜等结缔组织中的胶原部分降解而成的白色或淡黄色、半透明、微带光泽的薄片或粉粒。
树　胶	某些植物（如桃、杏等）分泌的胶质。
蜂　蜡	蜜蜂腹部的蜡腺分泌的蜡质，黄色固体，是蜜蜂造蜂巢的材料。
矿　石	含有天然金属的岩石或矿物。
赭　石	矿物，主要成分是三氧化二铁。

古代埃及的建筑

柱子支撑着上面
一层的建筑

一个古代
埃及城镇

大部分古代埃及人住在用土砖建造的小房子里，房屋紧挨在一起。房屋的屋顶是平的，可用于存放东西，也可作为干活的地方。厨房安排在露天的院子里，做饭用的是圆顶炉灶。

　　古代埃及人用石头建造神庙、金字塔和纪念碑。埃及的沙漠中有大量易于开采的石灰岩、砂岩和花岗岩。但由于开采、切割和运输石料都很困难，因此古代埃及人只用石头建造那些最重要的建筑。普通的民居是用土砖建造的。

　　古代埃及人为了供奉神灵而建造了许多大型神庙，它们坐落在尼罗河两岸，是埃及最为重要的建筑。

陶制储物罐

做饭用的圆顶炉灶

古代埃及人是开采、运输和使用巨大石块的专家，巨大石块用于建造宗教建筑。

竖立方尖碑

神庙里有许多的纪念碑，方尖碑就是其中一种。方尖碑是一种四边形柱子，由下往上逐渐变成锥形，最后形成一个尖顶。有些方尖碑非常高，为了将它们垂直竖立起来，工人们可能需要围绕着它的底座用砖块修建一口井，在井里填满沙子，然后将方尖碑顶端拖上一个斜坡，使得方尖碑的底部位于沙子上。之后它们将沙子移走，方尖碑进一步倾斜，最后达到一个直立的位置。一旦它直立起来，就把斜坡和井都拆除。

你知道吗？

① 为了切割石灰岩石块，工人们将木头楔子敲进岩石里。然后用水浸泡楔子，随着楔子的膨胀，岩石就会裂开来。

② 一个制砖工一天可以制作 1000 多块土砖。只要 5 天，他就能制作出足够给他自己建造一幢房子的土砖。

③ 木头是很贵重的。古代埃及人用木头来制作门和百叶窗。最常见的木材是棕榈树。

④ 古代埃及人使用厕所，但是没有下水道。他们把污水排放在农田里，作为肥料。

⑤ 石头是用驳船沿着尼罗河运输的。

古代世界七大奇迹之一——金字塔

吉萨的大金字塔距今已经有大约 4500 年的历史了，但它至今依然矗立在埃及的沙漠之中。埃及人想要为他们的统治者建造得体的坟墓，使它能高耸入云，直达天堂。埃及人建造的金字塔是建筑史上的奇迹。在许多个世纪里，它们都是地球上最高的建筑。

公元前 2630 年，埃及人在萨卡拉建造了第一座金字塔。这座金字塔是以早期美索不达米亚人的阶梯形金字塔为原型建造的。

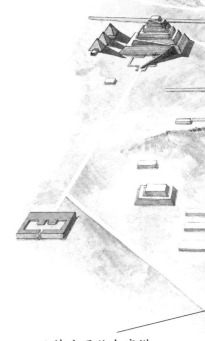

从神庙通往金字塔的一个通道

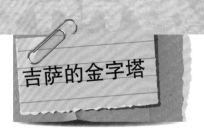
吉萨的金字塔

高级官吏的坟墓

从大金字塔的横
截面可以看到内
部的通道

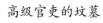

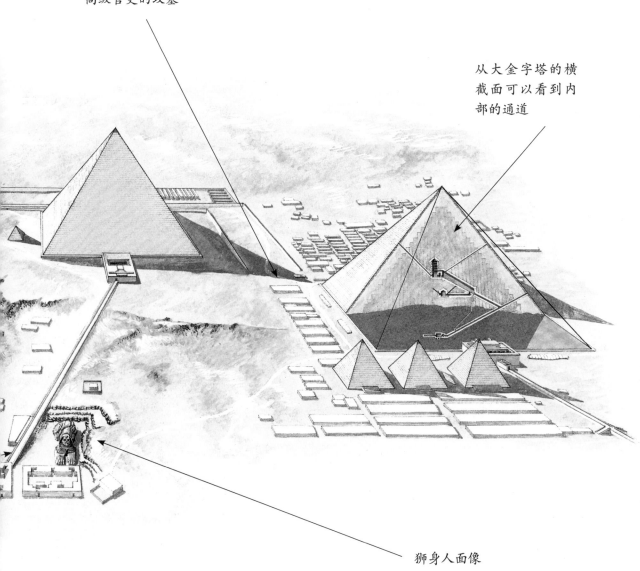

狮身人面像

建造金字塔的挑战

　　埃及人是如何建造金字塔的？这至今仍是一个谜。他们早在磁罗盘发明以前，就能够将金字塔正对着南北轴线。金字塔底座四边的长度总是相等的。埃及人在金字塔旁边修建斜坡，用木橇将石块往上拖运。位于金字塔顶部的石块可能是用木头或青铜制成的杠杆撬动到位的。

在大约公元前 2630 年至公元前 1630 年之间，古代埃及人将他们死去的统治者埋葬在金字塔底下。最大的金字塔群在吉萨。

你知道吗？

① 建造吉萨的大金字塔动用了 10 万人的劳动力。

② 建造金字塔用的石块重达 14 吨。工人在采石场就给它们画上了标记，标明它们将会在金字塔上处于哪个位置。

③ 工人使用的工具是铜镐、铜凿、花岗岩锤子，以及其他石制工具。

④ 金字塔建成后，在四面铺上一层石灰石，在塔顶铺上黄金，才算最后完工。

⑤ 吉萨的大金字塔每一条底边长大约 230 米。最长和最短的边误差只有 20 厘米。

古代埃及人怎样制作木乃伊？

埃及人如何安放木乃伊？

一旦尸体变干了，古代埃及人就用亚麻布将它包裹起来，并将被认为带有魔法的护身符包裹在亚麻布里面，用来保护死者的身体。木乃伊被放入棺材里，然后再将棺材放入石椁中。内脏器官则保存在礼葬瓮中。

埃及人并不是唯一一个通过制作木乃伊保存死者的古代民族。比如，古代秘鲁人也用这种方法保存死者。但是埃及人将这种保存死者的方法发挥到了极致。这是非常重要的，因为埃及人认为如果死去的人想要在来世继续生活，那他就需要他这一世的身体。

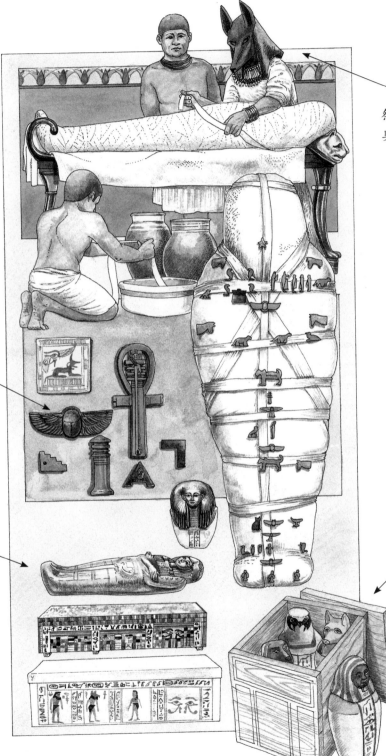

祭司戴着地狱之神
奥西里斯的面具

被认为带有魔法
的护身符要包裹
到亚麻布里面

棺材放入木椁
和石椁中

内脏器官保存
在礼葬瓮中

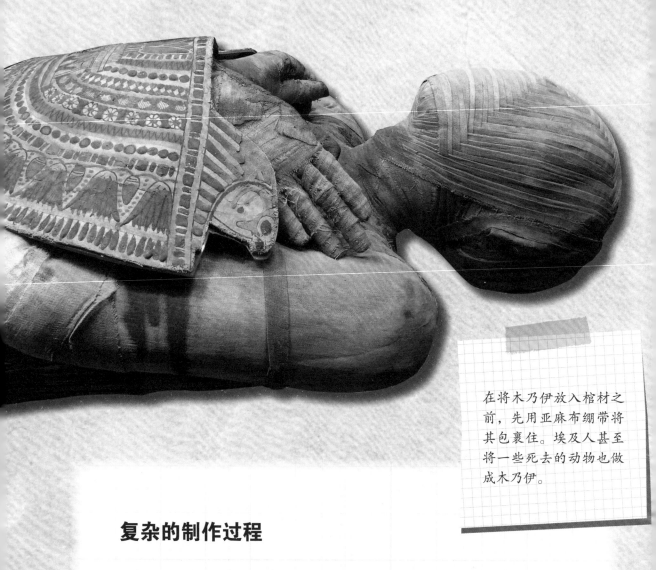

在将木乃伊放入棺材之前，先用亚麻布绷带将其包裹住。埃及人甚至将一些死去的动物也做成木乃伊。

复杂的制作过程

　　埃及人花了几千年的时间来完善制作木乃伊的方法。大约在公元前 2600 年，埃及人了解到将尸体内部器官取出，有助于防止尸体腐烂。他们将这些器官单独保存起来。到了公元前 1500 年，埃及人将挖空了内脏的尸体和内脏一起浸泡在一种叫作泡碱的矿盐中，一共浸泡 40 天，使它们变干。然后在皮肤表面涂上树脂、蜡和油，使其隔绝水分。再在尸体内部填满木屑和树叶，使其保持原形。最后用亚麻布把尸体包裹起来。在一层一层包裹的亚麻布之间，还放上护身符等符咒。

你知道吗？

1. 埃及最早的木乃伊是埋葬在热沙中的，因为热沙吸收掉了尸体体内导致腐烂的水分，使尸体得以保存。

2. 大约在公元前4500年至公元前4100年之间，埃及人用树脂浸泡过的亚麻布包裹尸体。

3. 泡碱是一种碳酸钠和碳酸氢盐（或叫作重碳酸盐）的混合物。

4. 内脏器官被保存在礼葬瓮中。

5. 尸体的心脏并不被取走。因为古代埃及人认为，当死者转投来世时，地狱之神奥西里斯（Osiris）要对它进行称量。

6. 埃及人通过一根细长的钩子，从鼻腔中将死者的大脑和颅骨骨髓取出。

来　世　埃及人认为人死后居住的地方。

护身符　一种符咒，保护人不受恶魔伤害。

礼葬瓮　一种带有动物头像的罐子，用于装木乃伊的内脏器官。

古代埃及人怎样造船？

船头瞭望台

尼罗河是埃及的交通主干线。在公元前 1600 年以前，埃及没有道路，也不使用车轮。埃及人出行依靠的是自南向北流淌的尼罗河，而不是道路。埃及人在尼罗河上运输所有的东西——从建造神庙和金字塔需要的大型石块，到牲畜、粮食和行人。

由于埃及树木稀少，早期的船是用芦苇做成的筏子。这些筏子逐渐发展成镰刀形船体的船，后来又装上了桅杆和船帆，还带有甲板室。后来，埃及人用进口的金合欢树或雪松制造木船。他们既不用钉子也不用榫头，而是用莎草绳将这些木板捆绑在一起。

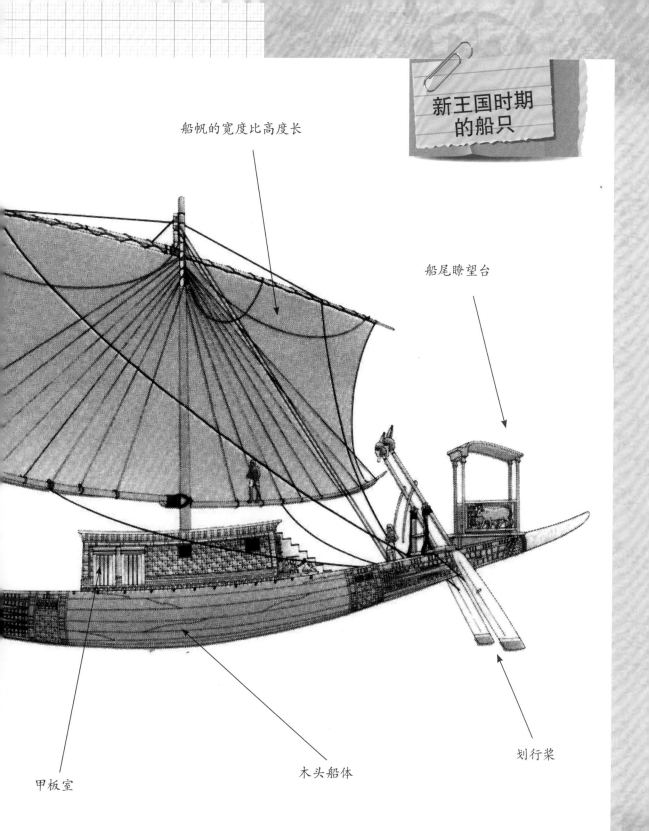

船帆的宽度比高度长

船尾瞭望台

划行桨

木头船体

甲板室

出海航行

　　轮船的船体是平底的，这能避免轮船撞上尼罗河里不断移动的沙洲。较大的木船或三桅小帆船可以在海洋上航行。埃及人通过这些船和其他的古代民族，如腓尼基人开展贸易，他们还航行到了非洲的最南端。

埃及人用船只在尼罗河上来来回回运输货物，较大的船只也进行远洋航行。

你知道吗？

① 在尼罗河上，船只依靠船帆逆流而上向南航行，向北则依靠船桨和水流顺流而下。

② 木匠用莎草绳将几千块木板捆绑在一起。

③ 埃及人有时将船只埋葬在金字塔旁边，便于死者"出行"。

④ 埃及人在亚历山大港建造了世界上第一座灯塔。这座灯塔高 100 米，在 50 公里之外就能看见。

⑤ 最重的货物装载在又长又窄的驳船上，由其他轮船拖着前行。

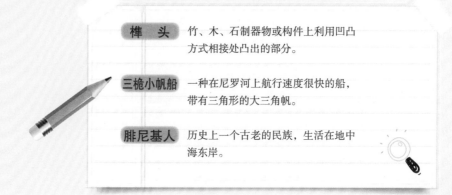

榫　头　竹、木、石制器物或构件上利用凹凸方式相接处凸出的部分。

三桅小帆船　一种在尼罗河上航行速度很快的船，带有三角形的大三角帆。

腓尼基人　历史上一个古老的民族，生活在地中海东岸。

古代埃及的天文学

从公元前 3000 年起，埃及人就开始观测天象。他们许多重要的神灵都是和恒星和行星相关联的。在宗教仪式中，祭司要使用详细的星系图。通过对太阳的观测，埃及人制定了一年 365 天的历法。

大约在公元前 3100 年，上埃及王国和下埃及王国统一，此前这两个王国的天文学是独立发展的。在下埃及王国，天文学家们建造了一堵圆形的墙，仿造了一条地平线。他们在墙上标出太阳每天黎明升起时的位置。他们通过观测，制定出了太阳历，它的一年有 365.25 天。

这幅天文图镶嵌在埃及丹达拉哈索尔神庙的天花板上，它描绘了神灵们穿过夜空的情景。

天文学家们正在观测天象。仔细观测夜空是制定高度精确的历法的基础。

阴历

在上埃及王国，天文学家们使用的是阴历。它建立在对月亮和天狼星观测的基础上。他们注意到，每隔365天，天狼星就沿着太阳升起的轨迹升起。

你知道吗？

1　埃及人知道恒星和行星之间的区别。

2　他们识别出了五大行星：火星、土星、木星、金星和水星。

3　埃及历史中最早记载的日期是公元前 4241 年，这年埃及人制定了一年有 365 天的历法。

4　从公元前 2500 年起，太阳神"拉"成为埃及的主神。"拉"极大地影响了埃及人对"法老"的看法。

5　"努特"最初是夜空女神，后来变成了掌管整个天空的女神。

古代埃及的历法和计时

为了知晓时间，古代埃及人使用各种各样的设备。他们测量太阳投射下来的阴影的长度或位置。

　　早在公元前 4236 年，古代埃及人就制定了一部历法。这部历法是古代埃及人根据观测月亮的周期而制定的阴历。但是这部历法不能预测一年中最重要的一个事件：尼罗河每年爆发洪水的时间。因此，祭司们采用的是根据观测太阳的运转而制定的新历法——太阳历。

　　一些祭司（同时也是天文学家）观测到当天狼星在某一天的日出之前出现，那么几天之后尼罗河就会爆发洪水。因此，他们根据太阳的周期制定了一部新历法，这部历法的月份则是根据月亮的周期制定的。

一天的划分

　　古代埃及人将一天划分成白天和夜晚，各包含 12 个小时，但是每一个小时的时间长度随着一年中的季节变化而不同。他们发明了时钟来测量时间。从公元前 1500 年起，他们使用日晷来测量太阳投射下的阴影。水钟是最早的不用依靠太阳或星星的计时器，水从一个标记着 12 个时区的石罐里慢慢滴出来，以此测量过去了多少时间。

这个水钟的底部有一个小孔，水能从小孔中滴出来。

你知道吗？

1. 古代埃及的历法中每一个星期有 10 天。三个星期等于 1 个月（30 天），4 个月等于一个季度（120 天）。

2. 三个季度等于一年（360 天）。这部一年有 365 天的历法中剩下的 5 天是节庆日。

3. 埃及人根据不同的国王的统治时间来划分过去的历史。

4. 埃及人是最早将一天划分成 24 个小时的民族，但是每一个小时的长度不一样。

5. 水钟，或称为漏壶的底部有一个小孔，水从小孔中滴出来。

古代埃及的冶金和采矿

这个黄金面具用于覆盖死去的国王图坦卡蒙的面部。他的遗体被制成木乃伊，然后埋葬在坟墓里。

　　著名的图坦卡蒙面具是用黄金制作的，并镶嵌了大量的青金石。图坦卡蒙是位少年国王，于公元前 1333 年至公元前 1323 年统治埃及。在埃及的墓葬中，出土了很多用黄金和白银制成的容器、面具、兵器和装饰品。金、银和铜以块状的形式存在于埃及的岩石、沙滩和河床里。

　　大部分金属是通过冶炼金属矿石提取出来的。大约在公元前 1300 年，埃及人开始在努比亚进行地下采矿。采矿是既肮脏又危险的工作，通常用囚犯充当采矿工人。

埃及人能够铸造一些形状复杂的物品，比如这个用于焚香的三脚容器。

金属的历史

　　埃及人广泛使用黄金，但是他们用更坚硬的铜制作兵器和工具。随着公元前1500年风箱的发明，埃及人开始将铜熔化，并用模具铸造铜器。他们将进口的锡和铜一起熔化，制造出青铜，用青铜制作兵器和工具，还有锅碗瓢盆。后来埃及人能将熔炉中的温度燃烧得更高，他们因此也学会了炼铁。

你知道吗？

1. 目前已知最早的地图描绘了一条通往金矿的路线，这个金矿位于埃及东部沙漠。

2. 从公元前 4000 年开始，人类就开始使用金属，主要是铜。铁是从公元前 900 年左右开始使用的。当时黄金很常见，铁很稀少。

3. 埃及的铜矿是在位于尼罗河和红海之间的沙漠中开采出来的。

4. 埃及人将碳加入铁中，制造出了钢。

5. 埃及人将热钢插入冷水中，然后再将它加热，如此重复，使它变得更硬更坚固。

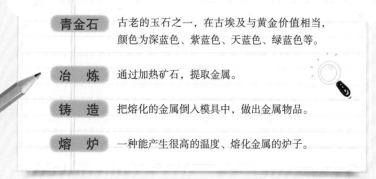

青金石 古老的玉石之一，在古埃及与黄金价值相当，颜色为深蓝色、紫蓝色、天蓝色、绿蓝色等。

冶 炼 通过加热矿石，提取金属。

铸 造 把熔化的金属倒入模具中，做出金属物品。

熔 炉 一种能产生很高的温度、熔化金属的炉子。

古代埃及人怎样治病?

埃及的医生将治疗疾病的方法写在莎草纸书卷上，这些书卷保存至今。莎草纸书卷上记载的内容包括肿瘤和眼病的治疗方法，实施外科手术的过程等。治疗每一种疾病的第一步都是向神灵祷告，由祭司念一些具有魔法的咒语。那时候已经有医生，但是医学是一个新的行业。

古埃及人对人体有着深入的了解。医生知道要让身体保持干净以防止感染，也了解营养与健康的关系。

一个古代埃及人正在向神灵供奉祭品。献祭是古代埃及人应对疾病的常见方式。

医疗实践

目前已知最早的手术是在公元前 2750 年实施的，不过做的不是有关内脏器官的手术，而是由医生将断裂的骨头和脱臼的关节复位。古代埃及人认为人体就像尼罗河一样，有很多条管道流经人体内部，输送着空气、水和血液。如果一个人生病了，就意味着有一条管道被堵塞了，需要进行疏通。

这幅插图描绘一个医生治疗一个患有眼疾的病人。埃及的许多图画描绘了医疗的情景。

你知道吗？

① 埃及人身戴护身符，用以保护身体免遭疾病袭击。

② 目前已经出土了青铜手术刀，但它很可能是用于制作木乃伊，而不是用于实施外科手术的。

③ 埃及人明白脉搏和心脏是有关系的。他们认为思想起源于心脏。

④ 通过处理尸体，埃及人了解了重要器官的位置。

⑤ 伊姆霍特普是左塞王（公元前 2630 年至公元前 2611 年在位）的大臣，他是最早的医生之一，后来成了埃及的医神。

⑥ 牙科出现在公元前 2650 年左右。谷物和面包中的沙粒容易磨损牙齿，牙痛和牙龈病是古代埃及人的常见病。

古代埃及人的纺织与染色

　　埃及农民在种植庄稼的同时，还种植亚麻。他们用亚麻秆纺织亚麻布，再将亚麻布制成衣服。将亚麻秆制作成亚麻线是一个很长的过程。然后用织布机将亚麻线纺织成亚麻布。目前已知最早描绘织布机的图画可追溯到公元前 3000 年左右。埃及人利用许多不同颜色的矿物，将亚麻布染成不同的颜色。

　　埃及人将亚麻秆收割后捆绑起来，然后将一捆一捆的亚麻秆浸泡在水中，使它最外层坚硬的部分脱落。之后用木槌捶打亚麻秆，使亚麻纤维分离出来，再用纺车纺成亚麻线。纺车的一端有一个加重固定的圆形纺轮，纺纱工人把纺车放在地上进行纺纱。纺纱时从亚麻中拉出纤维纺成亚麻线，再将亚麻线绕在纺轮上。这样得到的亚麻线就可以用来纺织亚麻布了。

在新王国时期，立式织布机取代了卧式织布机。将纱线固定在一个木架上，纱线的底部系着石头坠子，以便保持绷紧的状态。纬线在经线中间一上一下地穿过去，穿空一行，再把纬线推至紧贴上一行的位置。

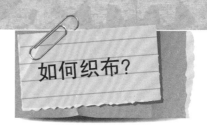

如何织布？

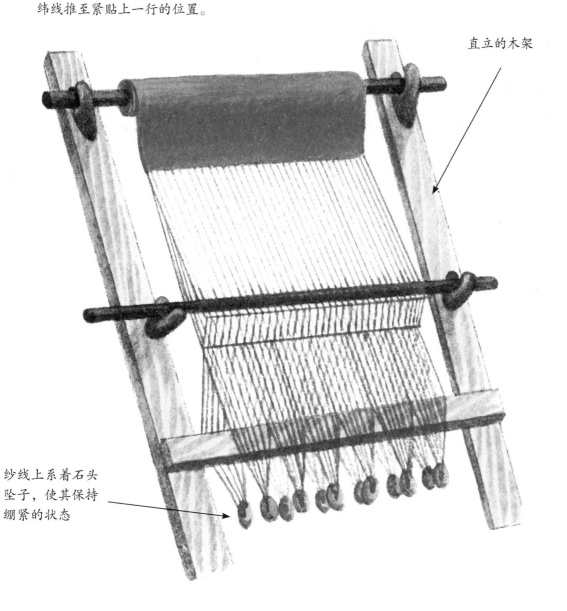

直立的木架

纱线上系着石头坠子，使其保持绷紧的状态

染色

　　染料是用各种不同颜色的矿物制作成的。用铁矿石或者赭石制作红色，用碳酸铜制作淡蓝色，用一种叫孔雀石的矿物制作绿色。

湖边种植的亚麻。亚麻纤维纺成亚麻线，再织成亚麻布。

你知道吗？

1) 织布的技术可以追溯到大约 7000 年以前。

2) 早期的织布机都是卧式织布机。埃及人在地上钉 4 根木桩，形成一个长方形的木框，木框上架着横木，纱线固定在横木上。纺织工人蹲在地上操作织布机。

3) 公元前 1500 年左右，埃及人开始采用立式织布机。

4) 社会地位高的人和有钱人穿着上等亚麻布做的衣服。

5) 最好的亚麻布几乎是透明的，只有法老才能穿着最好的亚麻布做的衣服。

6) 埃及人也大量使用羊毛，做成羊毛织物和毛衣。

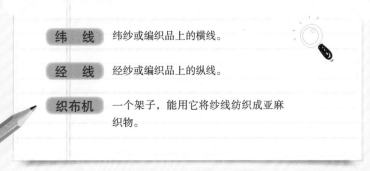

纬 线 纬纱或编织品上的横线。

经 线 经纱或编织品上的纵线。

织布机 一个架子，能用它将纱线纺织成亚麻织物。

古代埃及人怎样制作玻璃？

　　古埃及人把玻璃称作"阿亚特—维德特"（aat wedhet），意思是"流动的石头"。到公元前 4000 年时，他们已经学会将泡碱、沙子以及孔雀石混合在一起，制作出绿色玻璃。埃及人用玻璃制作装饰容器，还用它代替玉石珠子。不过玻璃的价格非常昂贵，它不是用来制作日常用品的。

　　起初，埃及人是无意中制作出玻璃的。他们将碱和硅石的混合物研磨成粉末，再将粉末和水混合，制作出一种颜料。然后将这种颜料刷在一种叫作滑石的软质石头表面，加热之后，它变成了一种光滑的青绿色釉彩。直到公元前 1450 年左右，埃及人才从叙利亚的玻璃工匠那里了解到，这种釉彩就是玻璃，可以用来制作许多东西。

这只圣甲虫是用各种颜色的玻璃和玉石制作的。它是少年国王图坦卡蒙的陪葬品。

这个玻璃瓶是用来装眼影粉（眼部化妆用品）的。在制作时加入了钴，使它呈现出深蓝色。

真正的玻璃

　　叙利亚人教会了埃及人怎么样给玻璃塑形。首先，他们做一个黏土模具，模具中间插一根金属棒。然后将一层一层的玻璃浆涂抹在模具表面，再将它放在一块石板上来回滚动，使表面变光滑。一旦玻璃浆冷却了，就把黏土模具取出，一个玻璃容器就做好了。

你知道吗？

1. 当沙子和泡碱加热成为液体后，灰尘就沉入到液体底部，泡沫则浮到表面。当液体冷却变硬后，灰尘和泡沫都会脱落下来，玻璃就制作好了。

2. 通过加入不同的矿物质，可以制作出不同颜色的玻璃：加入氧化锡可以制作出白色玻璃，加入钴可以制作出深蓝色玻璃，加入锑可以制作出黄色玻璃，加入铜可以制作出绿色玻璃。

3. 为了制作玻璃珠子，埃及人把玻璃浆料涂抹在一根结实的绳子上，使它形成珠子的样子。然后将绳子放在窑里烧，绳子烧掉后，就留下了带孔的珠子，便于穿线。

4. 古埃及的玻璃只需要加热到 800 摄氏度就会变成液体。今天，纯二氧化硅则加热到 1700 摄氏度用以制造玻璃。

古代埃及人怎样制作陶器？

　　古代埃及人需要各种各样的容器，用以储存食物和酒，以及用作餐具。日常生活中，他们使用的是用黏土制作的容器。早期的陶罐都是手工塑形的。后来，埃及的制陶匠开始使用陶轮。为了制作一些特殊的物品，埃及人广泛使用彩陶制作技术，用于制作彩陶容器和瓦片。

　　大约在 5000 年以前，埃及人开始制作陶盘和陶碗。他们用木盘和木碗做模具，将黏土捏制出容器的形状，然后将它晒干。直到几个世纪以后，他们才发明陶轮。最早的陶轮旋转速度比较慢，是靠手转动的。

　　大约在公元前 3000 年，埃及人发明了快速旋转的陶轮。它是靠一个旋转的石轮产生的动力转动的。通过用脚踢或是用木棒推动，可以使石轮转动起来并提供动力。

这个上釉的陶碗上面装饰了鱼和莲花的图案。

早期埃及陶器制作的方法，是将陶泥条盘绕粘连起来，然后修平表面，形成容器。图中这个有盖子的陶罐就是个例子。

拉坯陶器

快速旋转的陶轮使得古代埃及人能够制作一种新的陶器，那就是拉坯陶器。制陶工人将一大块黏土放在旋转的轮盘上，将它拉制成一个器壁很薄的容器。然后将陶器放在温度很高的窑里烧制，使它具有防水性。

你知道吗？

1. 陶轮是一个水平旋转的圆盘。它可能是美索不达米亚人发明的。

2. 古代中国人发明了窑。大约 5000 年以前，埃及人开始使用窑。跟在太阳下晒干相比，窑中可以用高得多的温度烧制陶器。

3. 彩陶是一种陶瓷，它是用压碎的石英或沙子，和少量的石灰或者灰混合在一起制成的。在混合物中加入水，搅拌成陶泥，再将陶泥塑造成型。埃及人通常还在彩陶上加上一层蓝绿色的釉。

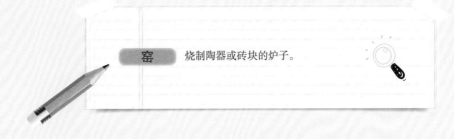

窑　烧制陶器或砖块的炉子。

古代埃及的兵器与战争

马拉战车进攻

马拉战车和复合弓都是由希克索斯人带到埃及的。弓箭手和驾驶马车的士兵站在双轮马拉战车后部的木制车厢里。由于空间狭小,弓箭手使用的弓要比普通士兵使用的弓更短小。这时弓箭手使用复合弓,能达到和普通弓箭一样的威力。

古埃及人最重要的兵器是弓箭和马拉战车。大约在公元前1800年,来自亚洲的希克索斯人入侵埃及,后来他们统治了尼罗河三角洲几个世纪。他们带来了战马、马拉战车和一种新型的弓,这些后来都被埃及人采用了。

古代埃及人的弓最远可以把箭射到190米外。希克索斯人的复合弓比埃及人的弓射得更远,可达270米。这种复合弓是用一层层的木片、动物的角和动物的肌腱制成的。箭是用芦苇秆和燧石箭头制成的,大约从公元前2000年起,开始使用铜制箭头。

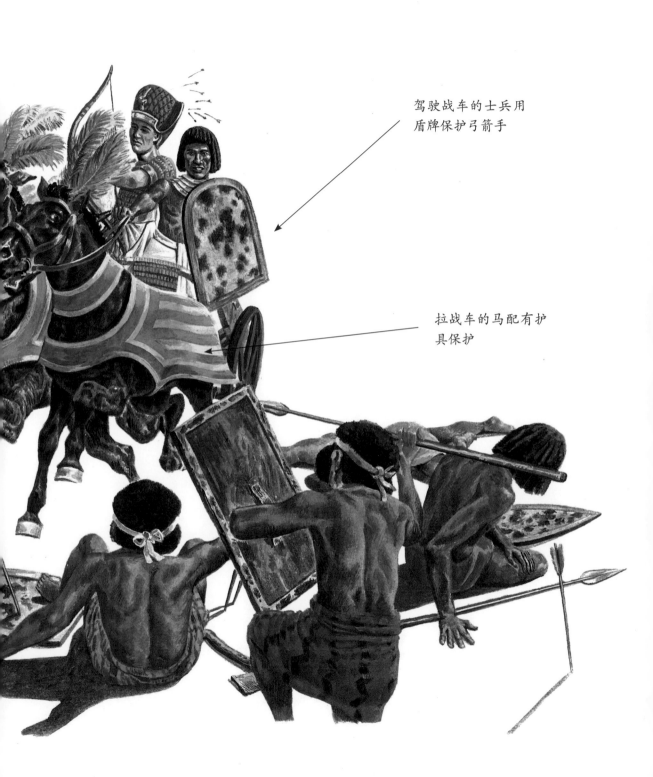

驾驶战车的士兵用
盾牌保护弓箭手

拉战车的马配有护
具保护

马拉战车

　　马拉战车可能起源于叙利亚。埃及人改进了这种交通工具，使它重量更轻，速度更快。驾驶战车的士兵和弓箭手站立在战车后部的木制车厢里。

你知道吗？

1. 在十八王朝时期（公元前 1550 年至公元前 1295 年），埃及的军队分为步兵团和战车团。

2. 马拉战车用木头和皮革制作而成，是靠两匹马拉动的。一个士兵驾驶战车，一个弓箭手拉弓射箭。

3. 马拉战车的轮辋是用皮革包裹起来的。

4. 埃及人的盔甲是用皮革和青铜制作的。

5. 随着技术进步，埃及人改用青铜和铜铸造短剑。

6. 复合弓拉紧的时候会向后弯曲，这使得它具有更大的射击力量。

希克索斯人 意为"外国的统治者"，指古埃及以外的统治者。

马拉战车 一种马拉的双轮战车，后部有一个木制车厢，驾驶战车的士兵和弓箭手站在车厢里。

轮　辋 俗称轮圈，是在车轮周边安装和支撑轮胎的部件。

十八王朝 即埃及第十八王朝，是古埃及新王国时期的第一个王朝，也是古埃及历史上最强盛的王朝。

时间轴

古代埃及	古代中国

约公元前 5000 年 古埃及前王朝时期开始。

约公元前 5000 年起 河姆渡文化出现，为长江中下游早期新石器文化，以黑陶和干阑式建筑为特征。

约公元前 4241 年 埃及天文学家制定了第一部历法。

约公元前 4100 年起 新开流文化出现，考古证明当地以渔猎生活为主，缺乏农业生产工具。

约公元前 3800 年起 马家窑文化出现，为新时期时代晚期文化。

约公元前 3700 年 埃及人学会了将矿石放在熔炉中冶炼，以提取铜。他们用铜制作工具。

约公元前 3500 年 红山文化出现，当时的石器有打制和磨制的，也有细石器。

约公元前 3500 年 埃及人用牛拉犁耕地，种植大麦和小麦。

约公元前 3300 年起 西藏出现卡若文化，当时已有镶嵌细石器的复合工具，发现农业生产和定居的遗迹。

约公元前 3100 年 上埃及的国王美尼斯征服下埃及，统一了埃及，早王朝时期开始。

约公元前 3000 年 开始在一种芦苇制作的莎草纸上书写。

约公元前 3000 年起 屈家岭文化中出现了薄如蛋壳的小型彩陶、彩陶纺轮。

约公元前 2900 年起 石峡文化中的陶器以轮制、模制为主，并有少量几何印纹陶。

约公元前 2700 年 埃及的青铜时代开始，工匠懂得如何制造青铜。

约公元前 2649 年　古王国时期开始。

约公元前 2630 年　埃及人为国王左塞建造了
　　　　　　　　　埃及第一座阶梯形金字塔。

约公元前 2600 年　在制作木乃伊之前，将尸
　　　　　　　　　体的内部器官取走，并将
　　　　　　　　　尸体浸泡在泡碱中，使其
　　　　　　　　　变干。

约公元前 2600 年起　河南龙山文化的陶器以方
　　　　　　　　　　格纹、绳纹、篮纹为主要
　　　　　　　　　　纹饰。

约公元前 2590 年　为法老胡夫建造了吉萨的
　　　　　　　　　大金字塔。

约公元前 2500 年　埃及人建立了水闸和水渠
　　　　　　　　　系统，以控制尼罗河爆发
　　　　　　　　　的洪水。

约公元前 2500 年起　陶寺文化的陶器上出现彩
　　　　　　　　　　绘蟠龙图形，并已有彩绘
　　　　　　　　　　木器；山东龙山文化中已
　　　　　　　　　　出现炼铜业。

约公元前 2400 年　埃及画家画了一幅制陶工人
　　　　　　　　　使用陶轮制作陶器的图画。

约公元前 2200 年起　白羊村文化有房址 11 座，
　　　　　　　　　　种植水稻。

约公元前 2150 年　第一中间期开始，这是一段
　　　　　　　　　相对不稳定的时期。

约公元前 2137 年起　出现世界上最早的日食记录。

约公元前 2040 年　中王国时期开始。

约公元前 2000 年　甘肃玉门火烧沟文化已有
　　　　　　　　　以宫、羽为调式主音的两
　　　　　　　　　种四声音阶调式。

85

约公元前 1880 年　另一幅图画描绘了工人开始使用风箱以提高炉火的温度，使其能熔化金属。

约公元前 1831 年　出现世界上最早的地震记录。

约公元前 1674 年　希克索斯人将马拉战车和复合弓带到埃及。
来自中东的希克索斯人征服了埃及大部分的领土。

约公元前 1640 年　第二中间期开始。

约公元前 1600 年起　夏商鸣条之战，商汤灭夏建立商朝。

约公元前 1580 年　国王雅赫摩斯一世将希克索斯人赶出了埃及。

约公元前 1555 年　埃及人在尼罗河沿岸使用桔槔提水。

约公元前 1552 年　新王国时期开始——这是埃及帝国最强盛的时期。

约公元前 1500 年　纺织工人开始使用立式织布机。

约公元前 1500 年　商代早中期都城——郑州商城的内城和宫城不晚于公元前 1500 年建造。

约公元前 1490 年　埃及人开始制作玻璃容器。

约公元前 1450 年　开始用水钟计时。

约公元前 1200 年	埃及人开始用铁取代青铜，制作工具和兵器。
约公元前 1150 年	埃及人制作了目前保存下来最早的地图，它标明了一个位于沙漠中的金矿的位置。
约公元前 1069 年	第三中间期开始。
约公元前 664 年	埃及的轮船围绕非洲大陆航行。
约公元前 332 年	亚历山大大帝征服埃及，开始希腊人统治的时期。
约公元前 280 年	在亚历山大港建造了世界上第一座灯塔。
公元前 197 年	埃及人将一份由托勒密五世发布的法令用希腊文和另外两种埃及文字刻在石头上。19 世纪早期，这块罗塞塔石碑上的象形文字被破译了出来。
约公元前 30 年	罗马征服埃及。

约公元前 1200 年	铸成现存最大的青铜器——司母戊鼎。
约公元前 11 世纪	周武王时期铸有多个著名的青铜器，如利簋、大丰簋、堇鼎等。
约公元前 654 年	鲁僖公参与了测量日影长度，以确定冬至的时间。
约公元前 336 年	秦初开始统一铸造和使用铜币。
约公元前 278 年	屈原创造出"楚辞体"，为中国古典文学现实主义的源头。
公元前 197 年	西汉天文律历学家张苍议定汉历沿用颛顼历。
约公元前 31 年	创用平向水轮通过滑轮和皮带推动风箱向冶铁炉鼓风。

图书在版编目（ＣＩＰ）数据

尼罗河宝藏 : 埃及 / (美) 萨缪尔斯著 ; 张洁译. -- 上海 : 中国中福会出版社, 2015.11
（探秘古代科学技术）
ISBN 978-7-5072-2144-2

Ⅰ.①尼… Ⅱ.①萨… ②张… Ⅲ.①科学技术 – 技
术史 – 埃及 – 青少年读物 Ⅳ.①N094.11-49

中国版本图书馆CIP数据核字(2015)第267730号

版权登记：图字 09-2015-816

©2015 Brown Bear Books Ltd

 A Brown Bear Book

Devised and produced by Brown Bear Books Ltd,

First Floor, 9-17 St Albans Place, London, N1 0NX, United Kingdom

The simplified Chinese translation rights arranged through Rightol Media
（本书中文简体版权经由锐拓传媒取得 Email：copyright@rightol.com）

探秘古代科学技术
尼罗河宝藏·埃及

【美】查理·萨缪尔斯 著　　　张　洁 译

责任编辑：凌春蓉
美术编辑：钦吟之

出版发行：中国中福会出版社
社　　　址：上海市常熟路157号
邮政编码：200031
电　　话：021-64373790
传　　真：021-64373790
经　　销：全国新华书店
印　　制：上海昌鑫龙印务有限公司
开　　本：787mm×1092mm 1/16
印　　张：5.5
版　　次：2016年1月第 1 版
印　　次：2016年1月第 1 次印刷

ISBN 978-7-5072-2144-2/N·3　　　定价 22.00元